Rueff

Astronomie

Skript zur Unterrichtseinheit

(Technik, MINT)

Astronomie

Skript zur Unterrichtseinheit

(Technik, MINT)

von Dr. Andreas Rueff

2. Auflage

Books on Demand

Dr.-Ing. Dipl.-Phys. Andreas K. E. Rueff

Physik-Studium in Kaiserslautern, anschließend
wissenschaftlicher Mitarbeiter am Leibniz-
Institut für Neue Materialien in Saarbrücken,
Promotion in Saarbrücken, anschließend Zusatz-
qualifikation zum Lehramt für Mathematik und Physik.

Bibliographische Information der Deutschen Nationalbibliothek

Die Deutsche Nationalbibliothek verzeichnet diese Publikation in der Deutschen
Nationalbibliographie; detaillierte bibliographische Daten sind im Internet
über http://dnb.d-nb.de abrufbar.

Herstellung und Verlag: BoD - Books on Demand, Norderstedt
ISBN 978-3-743-165113

2. Auflage, 2017
Internetseite zum Heft: www.mathematik-sek1.jimdo.com

Bildquellen: Pixabay, Wikimedia commons (public domain), eigene Abbildungen

Vorwort

Die Ausbildung zu fördern und die erworbenen Kenntnisse für den Gebrauch in der Schule und im Alltag griffbereit zu erhalten ist das Ziel dieses Skripts. Die Zusammenstellung orientiert sich an den Inhalten der Unterrichtseinheit Astronomie im Rahmen des Unterrichtsfachs Technik. Es ist aus zahlreichen Unterrichtsvorbereitungen der vergangenen Jahre hervorgegangen und soll die wichtigsten Inhalte zusammenfassen.

Die vorliegende Zusammenstellung soll nur den notwendigsten Stoff in einer strukturierten Form erfassen und dadurch das Arbeiten erleichtern. Den Gesamtzusammenhang nicht aus den Augen zu verlieren ist die Absicht.

Jedes Lehrbuch lebt von der kritischen Mitarbeit der Leser. Insbesondere in der naturwissenschaftlichen Literatur lässt es sich auch bei sorgfältigster Bearbeitung kaum vermeiden, dass sich Druckfehler einschleichen. Der Verfasser freut sich deshalb über Verbesserungsvorschläge oder Hinweise auf mögliche Fehler.

Als nützliche Gedächtnisstütze zur Unterrichtseinheit zu dienen ist das Ziel.

Kaiserslautern, im Winter 2016/2017 A. Rueff

Inhalt

Astronomie - Die Himmelskörper und das Weltall

Astronomie: Wissenschaft von den Eigenschaften, dem Aufbau, den Bewegungen, der Entstehung und der Entwicklung der Himmelskörper.

Wir betreiben Astronomie „von innen"! Das bedeutet, dass wir alles vom Standpunkt der Erde aus betrachten müssen. Das Weltall kann nicht „von außen" betrachtet werden.

Kosmische Nachbarn:

1. **Planeten** im Sonnensystem (Angaben in AE [Astronomische Einheit]:
   Abstand Erde-Sonne: 1 AE = 150 000 000 km)
   Umlaufbahn von Pluto: 40 AE

2. Benachbarte **Sterne**
   Angaben in Lichtjahren (ly, → lightyear) oder in Parsec (pc)
   Vergleich: 1AE ≈ ca. 8 Lichtminuten;
   1ly ≈ 9 500 000 000 000 km
   1pc ≈ 3,26 ly
   Nächster Stern: Alpha Centauri – Entfernung: 4,3 ly

3. **Galaxien** – Anhäufungen von Sternen im All:
   Heimatgalaxie – Milchstraße (Durchmesser: 100 000 ly)
   Nachbargalaxie: Andromedagalaxie: 2 500 000 ly (Entfernung)
   Weit entfernte Galaxien: ca. 13 000 000 000 ly

Das Weltall als Ganzes ist der Beobachtung nicht zugänglich.
Wir sehen nur das Licht, das uns von anderen Objekten erreicht.

Weitere kosmische Nachbarn

Neben den Planeten, Sternen und Galaxien bilden ***Kleinkörper*** eine weitere Gruppe von Objekten die wir von der Erde aus beobachten können.

Früher galten sie noch als atmosphärische Erscheinung. Heute weiß man, dass es Himmelskörper sind.

Planetoiden (=Asteroiden):

- Kleine Objekte die sich auf elliptischen Umlaufbahnen um die Sonne bewegen.
- kleiner als Zwergplaneten, größer als Meteoroiden
- keine Ausgasung in Sonnennähe

Kometen:

- Eisförmige, mit Gesteinstrümmern durchsetzte Körper
- Elliptische oder parabolische Bahnen um die Sonne
- Ausgasung in Sonnennähe (Kometenschweif)

Meteoroid

- Körper mit unregelmäßigen Bahnen im interplanetaren Raum

→ **Meteor:** Leuchterscheinung beim Eindringen in die Erdatmosphäre

→ **Meteorit:** Zur Erde gefallenes Reststück eines Meteoroiden

Interplanetare Materie: Kleinste Staubteilchen zwischen Sonne und Planeten

Astronomie: Früher und heute

Älteste Zeugnisse: Bauten, Steinsetzungen (z.B. Stonehenge)

Wichtige Motive: Festlegung eines Zeitmaßes → Kalender

(→ landwirtschaftliche Anwendungen)

Das griechische Weltbild: Die Erde im Mittelpunkt (geozentrisch)

(erstmals systematische Zusammenfassung der astronomischen Beobachtungen)

Das geozentrische Weltbild überdauerte 1500 Jahre!

Kopernikus entwickelt ein neues Weltbild:

Weltreisen (u.a. Kolumbus) widersprechen den alten Vorstellungen!

→ Die Sonne steht im Zentrum! (heliozentrisches Weltbild)

→ Auseinandersetzungen mit der Kirche (Galilei - 1616)

Kepler und Newton entwickeln das Weltbild weiter.

(Kepler: Planetenbahnen; Newton: Gravitation)

19. Jahrhundert: Entwicklung der Astrophysik mit modernen analytischen Methoden (große Teleskope, Radioastronomie)

Aufgabe: *Zeige am Beispiel Sirius, welche Bedeutung astronomische Erkenntnisse für das Leben der Menschen in der Frühzeit hatten.*

Astronomie: Untersuchungsmethoden (1)

Allgemein stellen **Experimente** für naturwissenschaftliche Untersuchungen die Grundlage der Forschung dar.

Dies ist in der **Astronomie nicht möglich.** Hier ist die **Beobachtung** mit Teleskopen die grundlegende Untersuchungs-methode!

Licht als Informationsträger

Richtung des Lichts *(Info über Ort & Bewegung eines Himmelskörpers)*	**Intensität des Lichts** *(Infos über Entfernung und Größe des Himmelskörpers)*	**Zusammensetzung des Lichts** („Farbe") *(Info über chemische Zusammensetzung)*

Himmelskörper senden nicht nur **sichtbares Licht** aus!

Weitere Strahlungsarten:

- Gamma- und Röntgenstrahlung
- UV-Strahlung
- Wärmestrahlung
- Radiostrahlung

Beobachtungsgeräte: Teleskope für die verschiedenen Strahlungsarten

Grundprinzip der Astronomie:
Die Naturgesetze gelten im gesamten Weltall auf gleicher Weise!

Astronomie: Untersuchungsmethoden (2)

Der Optiker **Joseph von Fraunhofer** entdeckte und untersuchte 1814 auffällige schwarze Striche im Spektrum des Sonnenlichts.

Entstehung der Fraunhoferlinien

Weißes Licht erscheint nur weiß, ist aber eigentlich aus allen Farben zusammengesetzt! Die Aufspaltung des Lichts in die Farbbestandteile nennt man **Spektrum**.

Das **Sonnenlicht** zeigt im Gegensatz zu weißem Licht von irdischen Lichtquellen **Lücken im Spektrum** auf.

Sie entstehen auf den Weg von der Sonne zu uns, weil das Sonnenlicht die Bestandteile und Elemente der Sonne durchleuchtet. Dabei gehen spezifische Teile des Spektrums verloren
(→ Information über die Zusammensetzung der Sonne).

Diese schwarzen Striche wurden nach ihm benannt **(Fraunhoferlinien)** und sind für Astrophysiker heute ein **wichtiges Werkzeug zur Erkundung fremder Sterne** und der Geschichte des Weltalls.

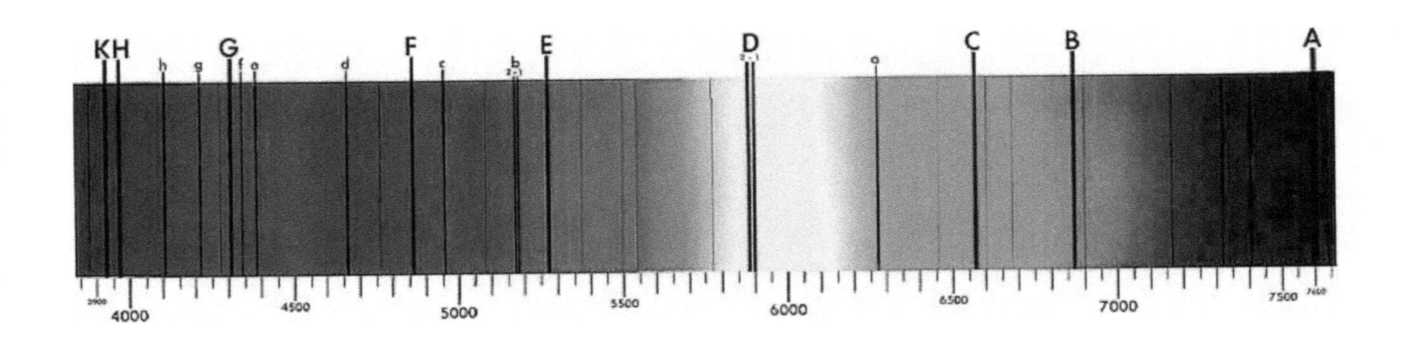

Orientierung am Sternenhimmel

Aufgabe

Rechercheauftrag: Erkläre die Begriffe

- Zenit
- Nadir
- Meridian
- Himmelsnordpol, Himmelssüdpol
- Himmelsachse
- Himmelsäquator
- Scheinbare Himmelskugel

Orientierung am Sternenhimmel (1)

Der Sternenhimmel erscheint uns zweidimensional. Räumliche Entfernungen von Himmelskörpern sind nicht wahrnehmbar.

Die **scheinbare Himmelskugel** ist eine gedachte Kugel, auf der wir die Himmelskörper wahrnehmen.

Der **Himmelsnordpol** liegt auf der gedachten Verlängerung von Erdmittelpunkt → Erdnordpol (Dort liegt der Polarstern). Entsprechendes gilt für den **Himmelssüdpol**. Die **Himmelsachse** ist die Verlängerung der Erdachse (durch Nordpol und Südpol) auf die Himmelskugel.

Der astronomische **Meridian** ist die Projektion des geographischen Meridian (Längengrad) durch die Beobachtungsstelle auf die Himmelskugel.

Senkrecht über der Beobachtungsstelle befindet sich der **Zenit**. Gegenüberliegend (nicht sichtbar) findet man den **Nadir**.

Auffinden eines Punktes am Sternenhimmel:

Horizontsystem: Wir benötigen zwei Angaben:

1) **Azimut**: Winkel zwischen Meridianebene und Vertikalebene des Himmelskörpers (gezählt von Süden über Westen)
2) **Höhe**: Winkel zwischen Beobachtungsrichtung und Horizont

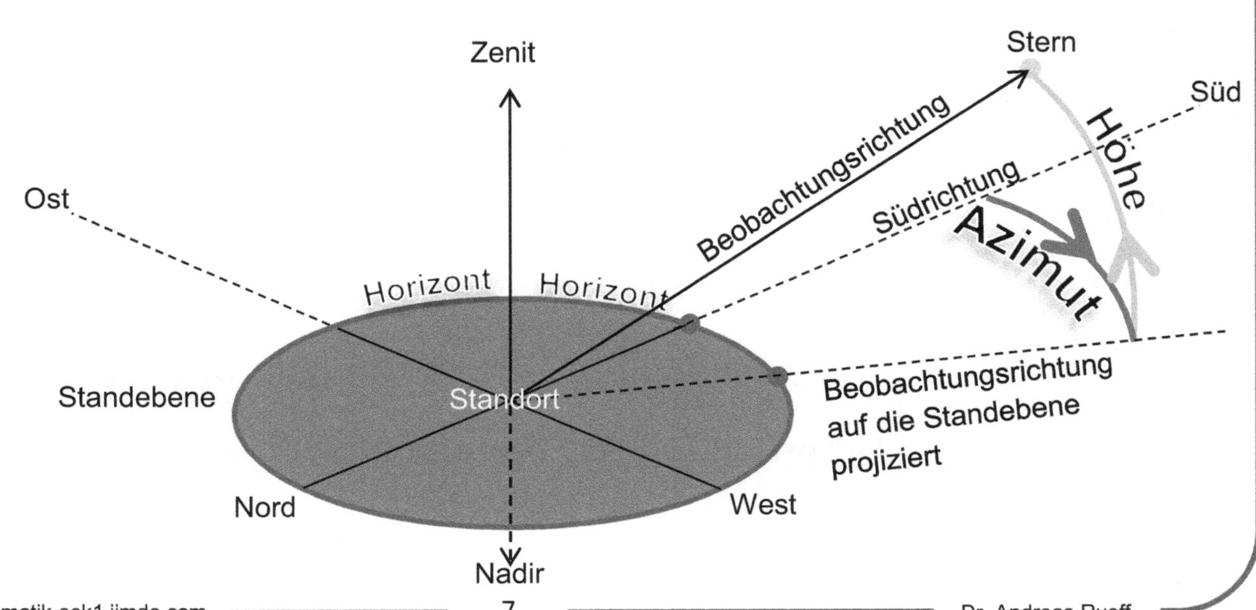

Hier wird das **Südazimut** verwendet. In der Literatur (Geodäsie, Navigation) findet man aber auch oft die Angabe des Nordazimut (Messung von Nord über Ost). Entsprechend muss dann zur Umrechnung ein Winkel von 180° addiert bzw. subtrahiert werden.

Orientierung am Sternenhimmel (2)

Astronomische Koordinatensysteme:

1. **Horizontsystem** (Azimut, Höhe)
   → Abhängigkeit von Beobachtungsort und Beobachtungszeit!
2. **Rotierendes Äquatorsystem**
   → Längen- und Breitengrade auf der Himmelskugel
   Festlegung des „Nullpunkts“ → „Frühlingspunkt“

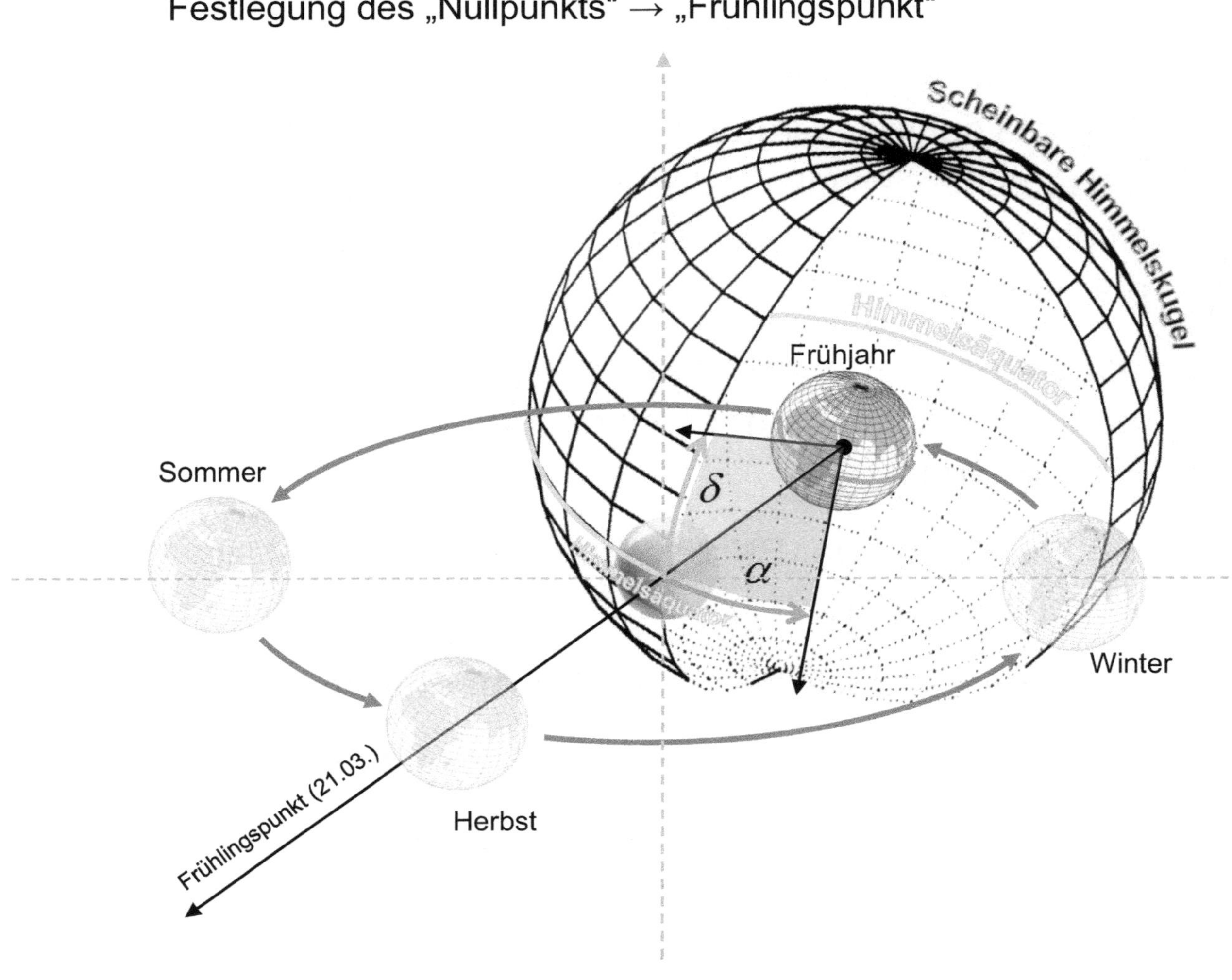

Frühlingspunkt: Durchgang der Sonnenbahn durch den Himmelsäquator am 20./21. März (Festlegung eines „Nullmeridians“ an der Himmelskugel) (Der Frühlingspunkt befindet sich etwa im Sternbild Fische)

Ortsangabe wieder durch **zwei Winkel**:

Rektaszension α **:** Messung am Himmelsäquator in östliche Richtung

Deklination δ **:** Erhebungswinkel über dem Himmelsäquator

Auffinden des Frühlingspunkts:

Auf der Erde gibt es immer einen Ort an dem die Sonne exakt im Zenit steht. Im europäischen Sommer liegt dieser Punkt auf der Nord-, im Winter auf der Südhalbkugel. Im Frühjahr überschreitet dieser Punkt den Erd-Äquator, entsprechend also auch den Himmelsäquator. Die gedachte Linie des Sonnenhöchststandes auf der Himmelskugel schneidet also den Himmelsäquator. Dieser Punkt wird Frühlingspunkt genannt.

Orientierung am Sternenhimmel (3)

- **Sternbilder:** Scheinbar zusammenhängende Sternengruppen an der Himmelskugel – eignen sich zur Orientierung.
  - Heute sind 88 Sternbilder gebräuchlich.
  - Wichtige Sternbilder:
    - Großer Wagen (Auffinden der Nordrichtung!!)

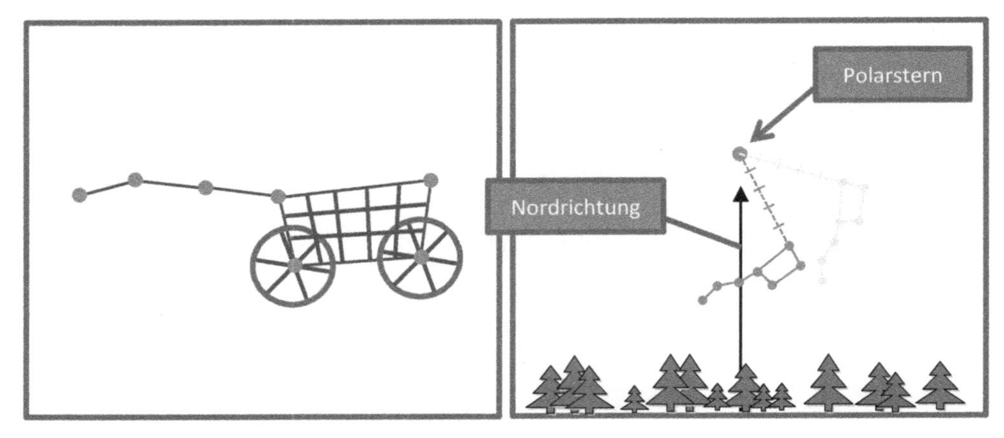

    - Orion (mystischer Himmelsjäger, am Winterhimmel)
    - Sommerdreieck: hellste Sterne von Schwan, Leier u. Adler

- **Die drehbare Sternenkarte:** Sie gibt einen Überblick über die sichtbaren Sternbilder. Am Rand wird das Datum mit der Uhrzeit eingestellt, dann ist im ovalen „Fenster“ der sichtbare Teil der scheinbaren Himmelskugel zu sehen. Im ovalen Fenster sind Azimut (äußere Skala) und Höhe abzulesen. Die ovalen Hilfslinien geben die Höhe von 0° bis 90° an, der Azimut liegt zwischen 0° und 360°.

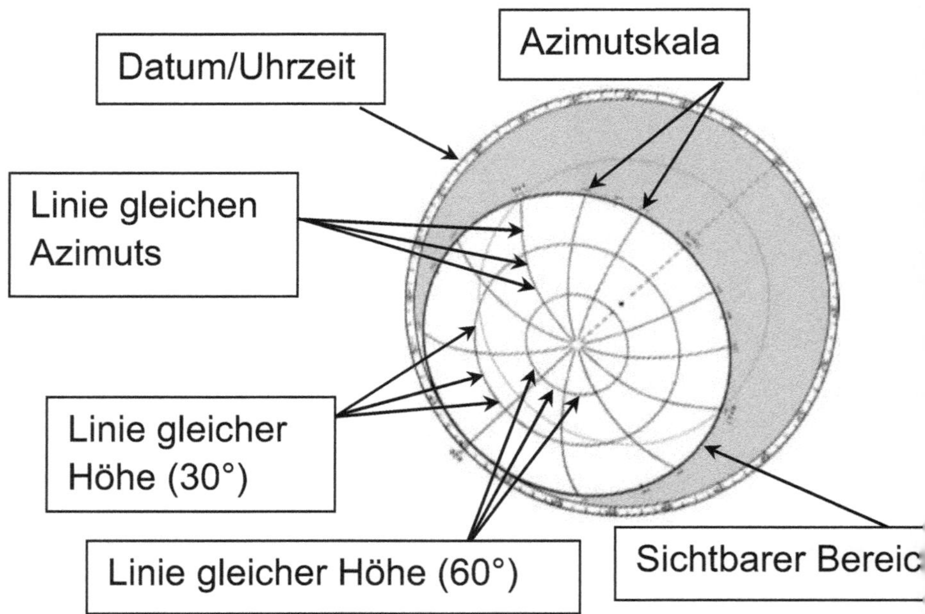

→ Handhabung der Sternkarte: vgl. Anhang

→ Drehbare Sternkarte für den PC auf der Homepage

Orientierung am Sternenhimmel (4)

- **Bewegungen am Himmel**

  - **Beachte:** Scheinbare Bewegungen der Himmelskörper (Ost→West) auf der Himmelskugel kommen durch die Erdrotation (West →Ost) zustande. Wir müssen also ***scheinbare*** und ***wahre Bewegungen*** unterscheiden!

→ Durchlaufzeit der Kreisbewegung eines Gestirns: ein Tag

→ Durchlaufzeit der Sonne: 24 Stunden (Sonnentag)

→ Durchlaufzeit der Sterne: 23:56 Stunden (siderischer Tag)

(Unterschied: 4 Minuten wegen Rotation der Erde um die Sonne)

Das Sonnensystem (1) - Entstehung

Die Entstehung des Sonnensystems

Vor ca. 4,6 Milliarden Jahren: **Ausgedehnte Gaswolke**.

Durch eine **Supernova** (Sternenexplosion am Ende seiner Existenz) wird die **Gaswolke verdichtet** und es bilden sich in Bereichen größerer Dichte **neue Sterne**. Einer dieser Sterne ist die Sonne. Sie ist umgeben von Gas und Sternenstaub.

Durch die Anziehungskraft der Sonne entsteht eine **rotierende protoplanetare Scheibe** (vgl. rotierender Teigklumpen). Diese zieht sich zusammen und **rotiert** dadurch schneller (vgl. Eiskunstläufer).

Der größte Teil der Materie stürzt in die Sonne. Die Verklumpung der **restlichen Staubteilchen** führt zur **Entstehung der Planeten**.

In Sonnennähe bilden sich **kleine Planeten** aufgrund des geringen Restmaterials der Staubscheibe und weiter entfernt die **großen Gasriesen**. Dazwischen liegt der Asteroidengürtel.

Umgeben wird das Planetensystem vom **Kuiper-Gürtel** (40 AE – 500 AE) und noch weiter entfernt liegt die **Oort'sche Wolke** (500 AE – 100000AE).

Das Sonnensystem (2) – Planeten

Das Sonnensystem: Gesamter Bereich, der durch die Gravitation (Anziehungskraft) der Sonne begrenzt wird. Neben den Planeten gehören die **Kleinkörper**, alle **Gase** und **Staubteilchen** dazu.

In Sonnennähe: hohe Temperaturen keine Gesteinsbildung möglich! (Grenze: **„Gesteinslinie“** – ca. 8 Mio. km Sonnenabstand) Ab hier: Planetenbildung möglich!

Bei den Planeten unterscheiden wir **innere** und **äußere Planeten**:

Innere Planeten (terrestrische Planeten) sind Gesteinsplaneten. Sie haben einen erdähnlichen Aufbau (Kern, Mantel, Kruste). Sie liegen innerhalb des Asteroidengürtels: **Merkur, Venus, Erde Mars**

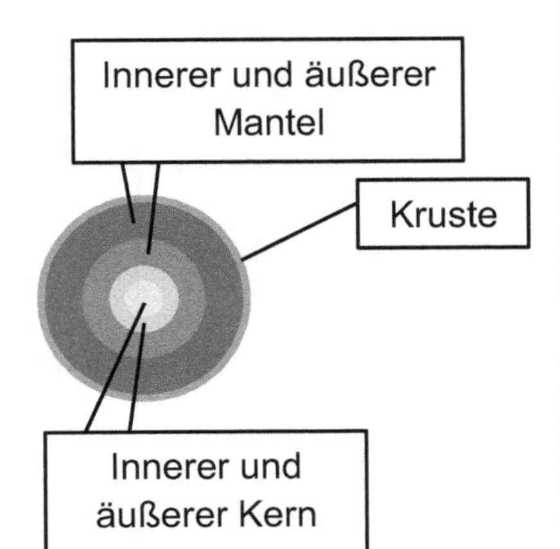

Ab ca. 2,5 AE: **„Schneelinie“** niedrige Temperaturen, Eis existiert stabil, viele Eis-Asteroiden.

Äußere Planeten (Gasriesen) bestehen aus überwiegend leichten Elementen (Wasserstoff, Helium) und haben eine große Masse und Größe: **Jupiter, Saturn, Uranus, Neptun**

Habitable Zone (bewohnbare Zone): hier ist die Entstehung von Leben möglich liegt ca. im Bereich zwischen Venus- und Mars-Umlaufbahn.

Inneres Sonnensystem:

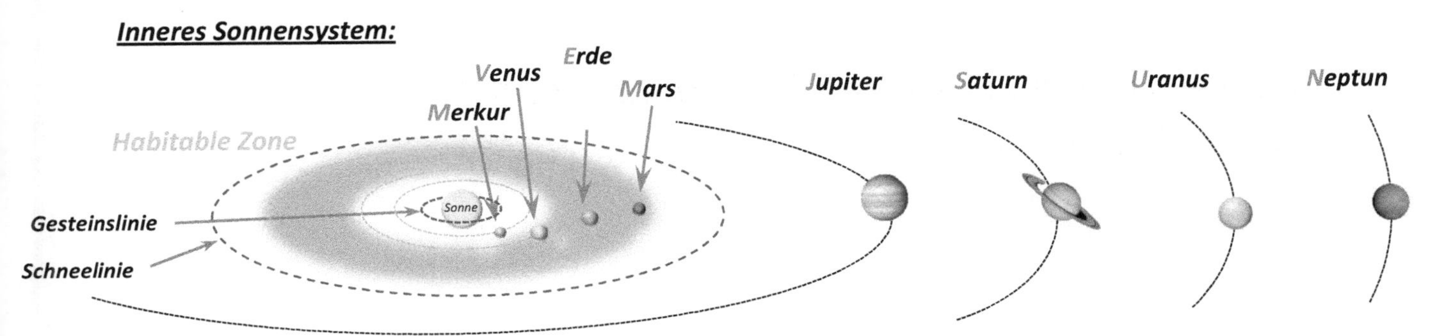

Merksatz: Mein Vater Erklärt Mir Jeden Sonntag Unseren Nachthimmel

Das Sonnensystem 3 (a) - Wir bauen ein Planetenmodell:

Wahre Abstände:

Durchmesser Sonne: ca. 1 000 000 km (grob gerundet)

Abstand zum Neptun: ca. 4500 000 000 km

1. **Modell:** Das Planetenmodell soll in den Klassensaal passen. Wie groß wären dann die Planeten und die Sonne?

Bei einem Sonnendurchmesser von 1mm (ca.) ergibt sich für den Abstand zum Neptun: 4500 mm = 4,5 m

Für den Maßstab in diesem Modell gilt:

1mm im Modell = 1 000 000 km (Wirklichkeit)

= 1 000 000 000 m

= 1 000 000 000 000 mm

Es ergibt sich der Maßstab: ***1 : 1 000 000 000 000***

Die Planeten wären allerdings viel zu klein!!

2. **Modell:** Die Planeten sollen erkennbar sein!
   Wir wählen:
   Maßstab: ***1 : 1 000 000 000***

→ ***Berechne die Planetendurchmesser und die jeweiligen Abstände zur Sonne.***

Beispielrechnung zum Planeten-Modell:

Wir betrachten die Entfernungen und Durchmesser der Planeten und berechnen entsprechende Größen für ein Modell im Maßstab 1:1 Milliarde.

Beispiel Merkur:

Realer Durchmesser: 4879 km
Realer Sonnenabstand: 0,3871 AE (=57,909 Mio. km)

Maßstab 1 : 1 000 000 000 !

9

*Für den **Durchmesser** gilt:* *4 879,0 km : 1 000 000 000*

Komma 9 Stellen nach links: *0,000 004 879 km*

= 0,004 879 m

= ***4,879 mm***

*Für den **Sonnenabstand** gilt:* *57 909 000,0 km : 1 000 000 000*

Komma 9 Stellen nach links: *0,057 909 000 km*

= 57,909 m

Der Merkur wäre also im Modell 4,879 mm groß und hätte einen Abstand zur Sonne von 57,909 m.

Das Sonnensystem 3 (b) – Aufgaben: Planetenwanderwege

Man versucht sich die schwer vorstellbaren Größenverhältnisse des Sonnensystems an **„Planetenwanderwegen“** zu verdeutlichen. Dabei wird das Sonnensystem in einem kleineren Maßstab gezeigt.

Aufgabe 1: Notiere ***Durchmesser*** und ***Abstand von der Sonne*** der acht Planeten des Sonnensystems und berechne die Größen in einem Maßstab 1:1000000000
(Die Sonne hat in diesem Modell einen Durchmesser von 1,4 m.)

Aufgabe 2: Wie könnte man sich das Sonnensystem mit diesen Daten besser vorstellen? Erläutere deine Ideen.

Aufgabe 3: Plane einen Planetenwanderweg für das Schulzentrum-Süd. Welcher Maßstab wäre geeignet und welchen Durchmesser hätten die Sonne und die Planeten? Wo müssten die Modelle der Sonne und der Planeten aufgestellt werden?

Das Sonnensystem (4) – Keplersche Gesetze

Die Planetenbahnen um die Sonne sind fast kreisförmig. Grund dafür ist die Gravitation (Massenanziehung). Newton entdeckte, dass sich Massen gegenseitig anziehen.

Bei genauerer Betrachtung muss man allerdings Korrekturen für die Planetenbewegung vornehmen. ***Johannes Kepler*** hat die Planetenbewegung in drei wichtigen Gesetzen zusammengefasst:

1. Keplersches Gesetz:

Die Planeten bewegen sich auf elliptischen Bahnen. In einem Brennpunkt der Ellipse steht die Sonne.

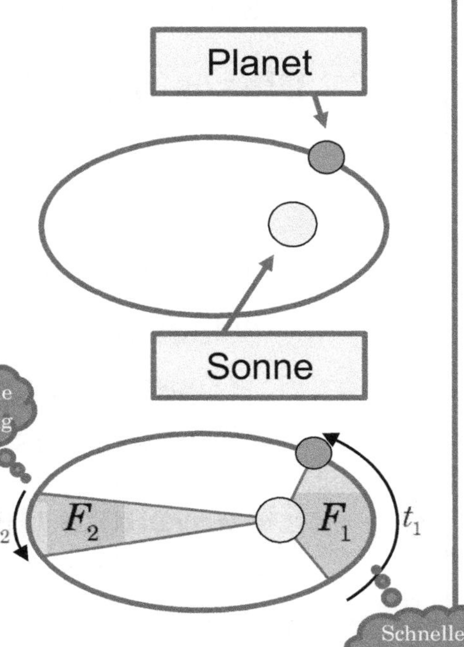

2. Keplersches Gesetz:

Die Verbindungslinie Sonne-Planet überstreicht in gleichen Zeiten gleich große Flächen.

$$\boxed{F_1 = F_2} \quad \text{bei} \quad t_1 = t_2$$

3. Keplersches Gesetz:

Die Quadrate der Umlaufzeiten von zwei Planeten verhalten sich wie die dritten Potenzen der großen Halbachsen.

$$\boxed{\frac{T_1^{\,2}}{T_2^{\,2}} = \frac{a_1^{\,3}}{a_2^{\,3}}}$$

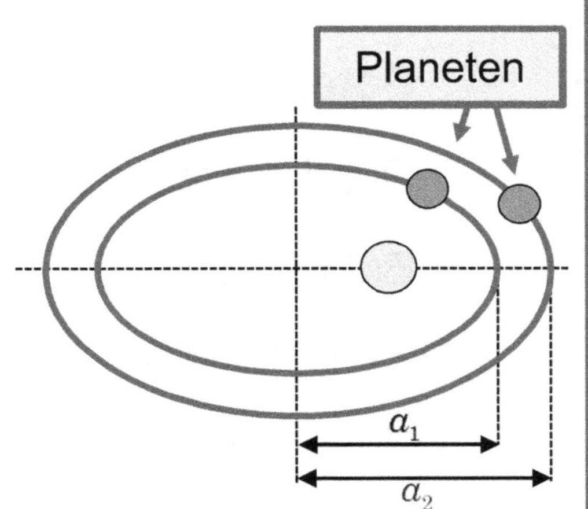

Die keplerschen Gesetze gelten auch für die Bewegung von Satelliten oder den Mond!

Der Erdmond

Für die Entstehung des Erdmondes gilt die **Aufpralltheorie** (vorgeschlagen von Hartmann und Davis 1984) allgemein als sehr wahrscheinlich.

Der Zusammenstoß der Erde mit einem Protoplaneten in der frühen Entstehungsphase des Sonnensystems führte zu einem großen Trümmerfeld. Diese Trümmer haben sich dann zum heutigen Erdmond in einer Umlaufbahn der Erde zusammengeballt.

Dieses Modell erklärt bis dahin ungelöste Fragen:

→ Ähnlichkeiten von Erdkrustengestein und Mondgestein im Vergleich zu anderen Meteoriten oder beispielsweise von Marsgestein.
→ Wasserfreies Ausgangsmaterial durch die Hitze beim Zusammenstoß mit der Erde.
→ Der Mond ist im Vergleich zur Erde ungewöhnlich groß.

Eine weitere Besonderheit: Die **synchronisierte Rotation** um die Erde. Die Zeiten von Eigenrotation und Umlaufrotation sind gleich. Dadurch sehen wir immer dieselbe Seite des Mondes! (Ursache: Bremswirkung von Gezeitenkräften auf die anfänglich zähflüssige Mondmaterie)

Daten:

Durchmesser: ca. 3500 km (Merke: ca. ¼ Erddurchmesser)

Entfernung zur Erde heute ca. 400 000 km

(wächst jährlich um ca. 3,8 cm - Angangsdistanz ca. 40 000 km!)

Umlaufzeit: ca. 27,3 Tage

Die Sonne

Die Sonne ist ein gasförmiger **Fixstern** (=feststehender Stern).

Sie ist **Zentralgestirn** in unserem Sonnensystem. Die Masse aller Planeten zusammen beträgt nur ca. 0,1 % der Sonnenmasse.

Die Energie gewinnt die Sonne im Inneren durch **Kernfusion**. Dabei werden aus Wasserstoffatomen (H) Heliumatome (He) gebildet. Nach dem Fusionsprozess ist das Heliumatom leichter als die benötigten Wasserstoffatome. Dieser **Massendefekt** bewirkt die Energiefreisetzung ($E=mc^2$).

Die Sonne wird durch die **Spektralklassen** als „G-Stern" (Merke: „G" wie „guter" Stern) klassifiziert.

Einige wichtige Daten im Vergleich zur Erde:

Masse: $1{,}99 \cdot 10^{30} kg$ (das 330 000 fache der Erdmasse)
Oberflächentemperatur: ca. 6000 °C
Temperatur im Zentrum: ca. 10 000 000 °C
Rotationsdauer (per Definition): 25,38 Tage

Aufbau:

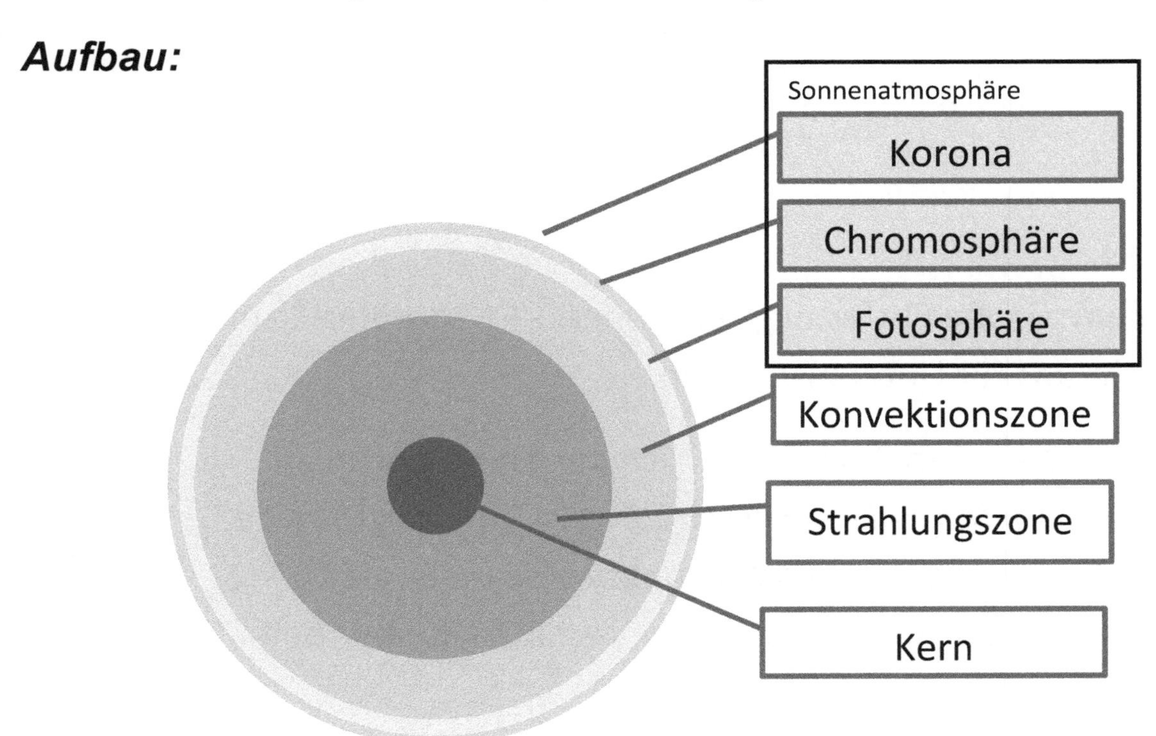

Was kommt nach Neptun? (1)

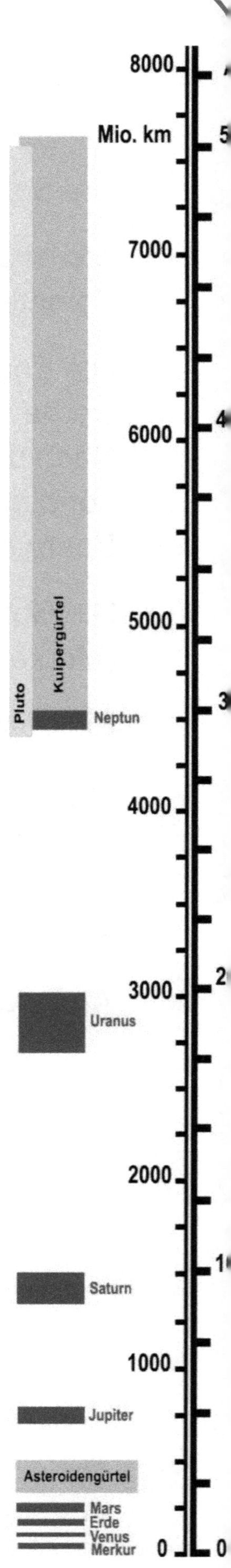

Das **Sonnensystem** umfasst alle Objekte die durch die Anziehungskraft der Sonne an sie gebunden sind. Außer den 8 Planeten sind das noch weite Bereiche in größerer Entfernung.

Neptun bewegt sich in ca. 30 AE um die Sonne.

Die acht Planeten bewegen sich weitestgehend in einer Ebene um die Sonne. Diese Ebene heißt **Ekliptikebene**.

→ Die Plutobahn ist dagegen um 17° geneigt (ehemaliger Mond des Neptun)

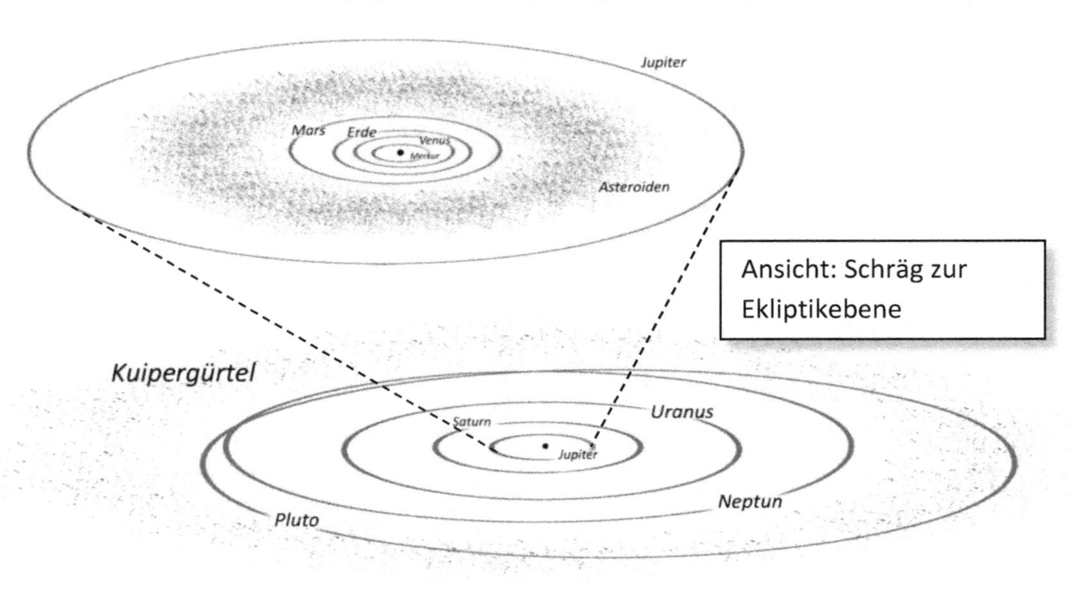

Problem: Große Entfernung zur Sonne → Nur wenig Licht erreicht uns für Untersuchungen.

Nach der Neptunbahn schließt sich der Kuipergürtel an (*benannt nach Gerhard Peter Kuiper*). Das ist eine ringförmige, relativ flache Region mit schätzungsweise mehr als 70000 Objekten (>100 km Durchmesser). → KBOs „**K**uiper **B**elt **O**bjekts".

Was kommt nach Neptun? (2) Die Oort'sche Wolke

→ 1950 von Jan Hendrik Oort postuliert: Ein weiterer Bereich um die Sonne mit Objekten in noch größerer Entfernung als der des Kuipergürtels: **Die Oort'sche Wolke.**

→ Beispiel: Zwergplanet **Sedna** (Durchmesser: ca. ½ Erdmond): Bewegt sich auf einer stark elliptischen Bahn und gehört einer neuen Klasse von Objekten an: DDOs „Distant detached Objekts" (engl. *Entfernt abgelöste Objekte*).

Elliptische Bahn im Bereich von ca. 76 AE und ca. 924 AE.

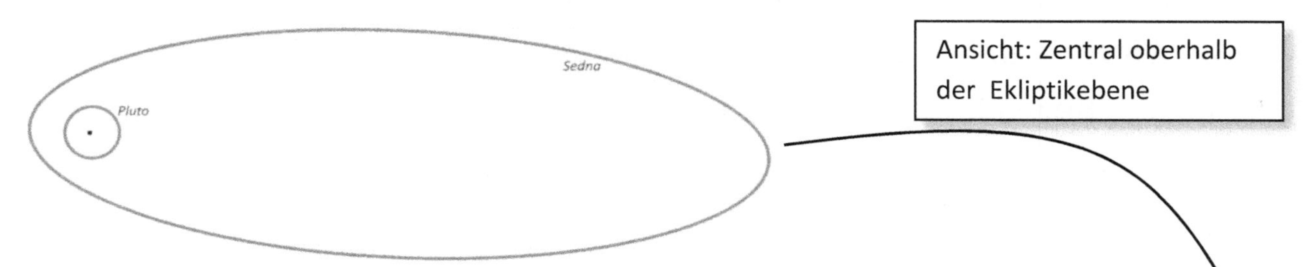

Ansicht: Zentral oberhalb der Ekliptikebene

→ Begründung durch die Existenz der **Kometen**: Diese werden im Laufe der Zeit auf ihren Bahnen aufgelöst (Kometenschweif), sie dürften also nach der langen Entstehungszeit des Sonnensystems nicht mehr vorkommen. Er schloss daraus, dass der Ursprung von weit außerhalb der bekannten Regionen des Sonnensystems liegen muss.

→ Die Oort'sche Wolke umfasst Objekte bis zu einem Abstand von ≈ 100000 AE (= ca. 1,6 ly)

→ Die Oort'sche Wolke umfasst das Sonnensystem **schalenförmig**, da die Objekte durch den Einfluss benachbarter Sterne gleichmäßig verteilt wurden.

Sedna-Bahn

≈ 4,3 ly

α Centauri
(1. Nachbarstern)

Nachbarsterne (1) – Hertzsprung-Russell- Diagr.

Helligkeit eines Sterns: → Unterscheide:

1) Scheinbare Helligkeit: Bei großer Entfernung erscheint ein Stern weniger hell!
2) Absolute Helligkeit: Dabei stellt man sich die Sterne bei einer einheitlichen Entfernung von ca. 32 ly vor und vergleicht dann.

Farbe eines Sterns:

Sterne werden allgemein in **Spektralklassen** eingeteilt (MK-System, *nach W. Morgan und P. Keenan*): Einteilung nach dem Lichtspektrum des Sterns. Bezeichnung durch die Buchstaben **O, B, A, F, G, K, M**.
O sind die heißesten (leuchten bläulich), M die „kältesten" Sterne (leuchten rötlich).

Merksatz: <u>**O**</u>ffenbar <u>**B**</u>enutzen <u>**A**</u>stronomen <u>**F**</u>urchtbar <u>**G**</u>erne <u>**K**</u>omische <u>**M**</u>erksätze.

Beide Größen werden im **„Hertzsprung-Russell-Diagramm"** (HDR) zusammengefasst:

Die Position eines Sterns im HDR definiert den Zustand eines Sterns vollständig.

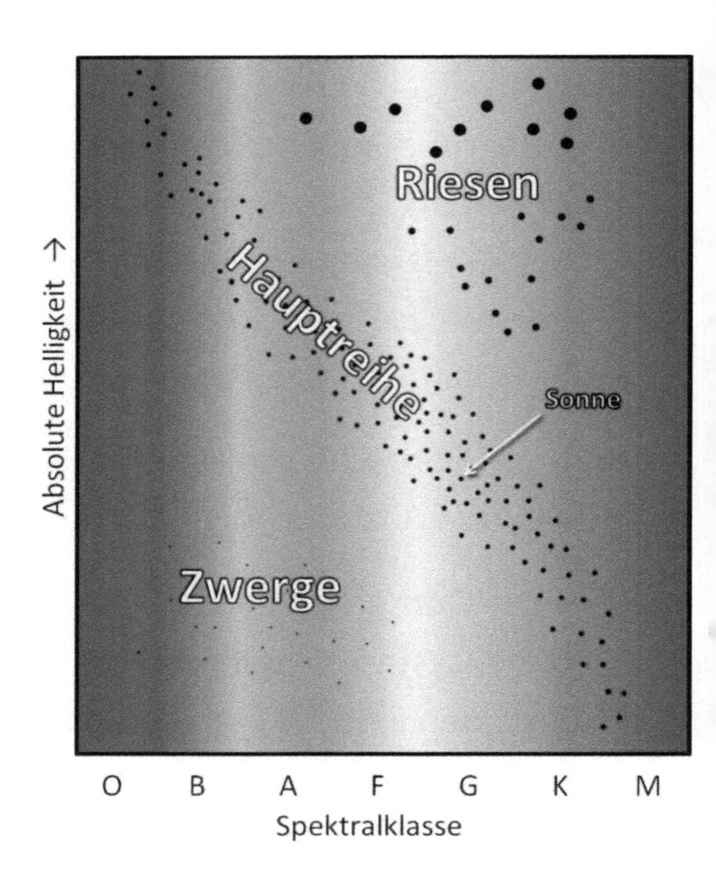

Nachbarsterne (2)

In der unmittelbaren Umgebung unserer Sonne ist α Centauri (ein Dreifachsternensystem) ca. 4,3 ly entfernt. Dabei umkreist Proxima Centauri die beiden Sterne α Centauri A und B.

Die zehn nächsten Sterne zur Sonne:

Proxima Centauri	4,218 light years
α Centauri A	4,39 light years
α Centauri B	4,4 light years
Barnard's Star	5,934 light years
Wolf 359	7,788 light years
Lalande 21185	8,302 light years
Luyten 726-8 A	8,557 light years
Luyten 726-8 B	8,557 light years
Sirius	8,591 light years
Sirius B	8,591 light years

Die Sterne im Umkreis von ca. 15 ly bilden die **lokale Wolke**:

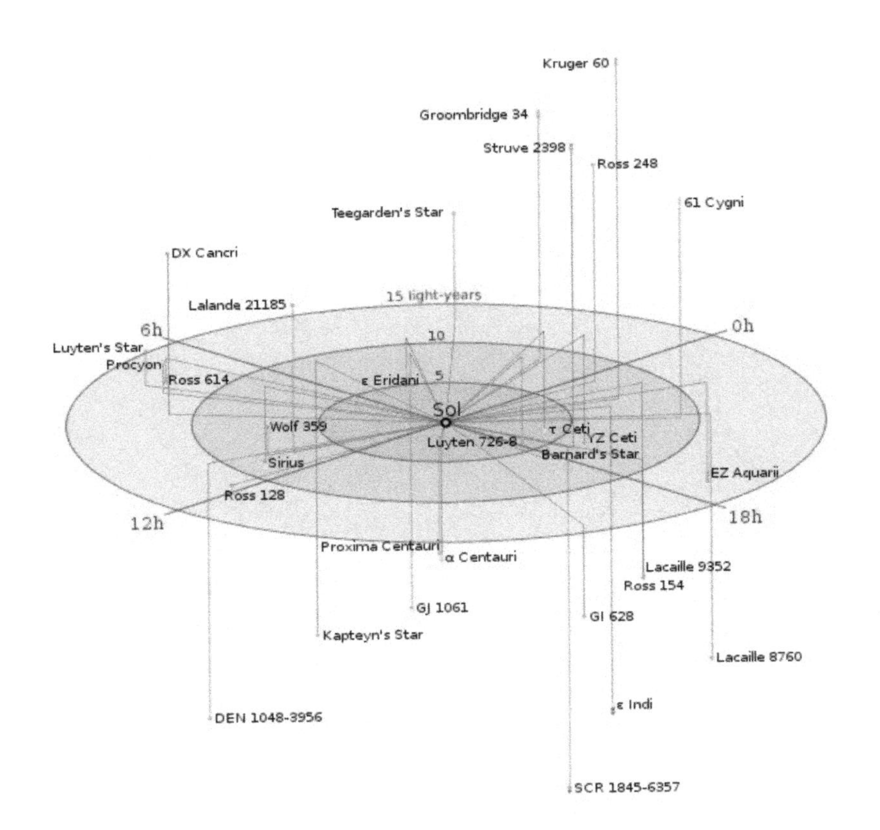

Die Milchstraße

→ Die Sonne durchquert die lokale Wolke seit ca. 100000 Jahren und verlässt diese in ca. 10000 -20000 Jahren.

→ Im Umkreis von ca. 250 ly befinden sich schon ca. 250000 Sterne!

→ Die **Lokale Wolke** ist Teil der **Lokalen Blase**. Sie ist ein weitgehend staubfreies, sanduhrförmiges Raumgebiet (Durchmesser ca. 300 -600 ly in Milchstaßenebene und ca. 2000 ly senkrecht dazu) und durch mehrere Supernovae entstanden.

Die Milchstraße ist ein Gebiet von ca. 100000ly Durchmesser mit ca. 200 Mrd. Sternen. Wir befinden uns im **Orion-Arm**.

Anschauliche Vorstellung: Schneetreiben auf einem Gebiet von 10 km Durchmesser und einer Höhe von 1 km. Jede Schneeflocke ist ein Stern.

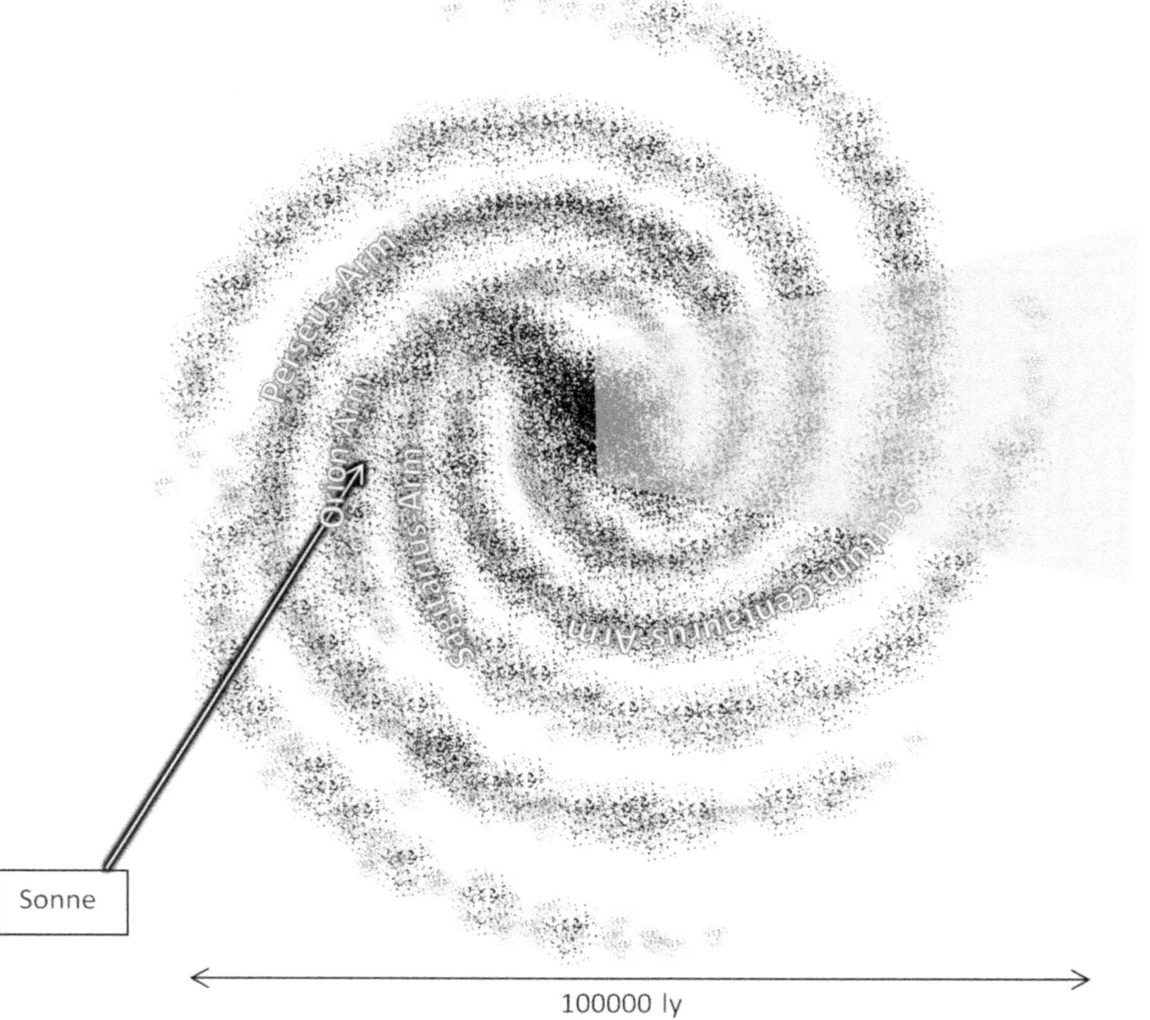

Bildquelle: Pixabay

Galaxien

Die Milchstraße ist eine Balkenspiralgalaxie.

Klassifikation nach Hubble:

1) Elliptische Galaxien: Ohne besondere Struktur, gleichmäßiger Helligkeitsabfall von innen nach außen. Die Erscheinung ist kreisförmig bis elliptisch.
2) Linsenförmige Galaxien: Haben einen Kern aber keine Spiralarme.
3) Spiralgalaxien: Kern mit Spiralarmen.
4) Balkenspiralgalaxien: Langer Balken von Kern ausgehend an dem sich die Spiralarme anschließen
5) Unregelmäßige Galaxien: keine Zugehörigkeit zu den übrigen Klassen, meisten Zwerggalaxien

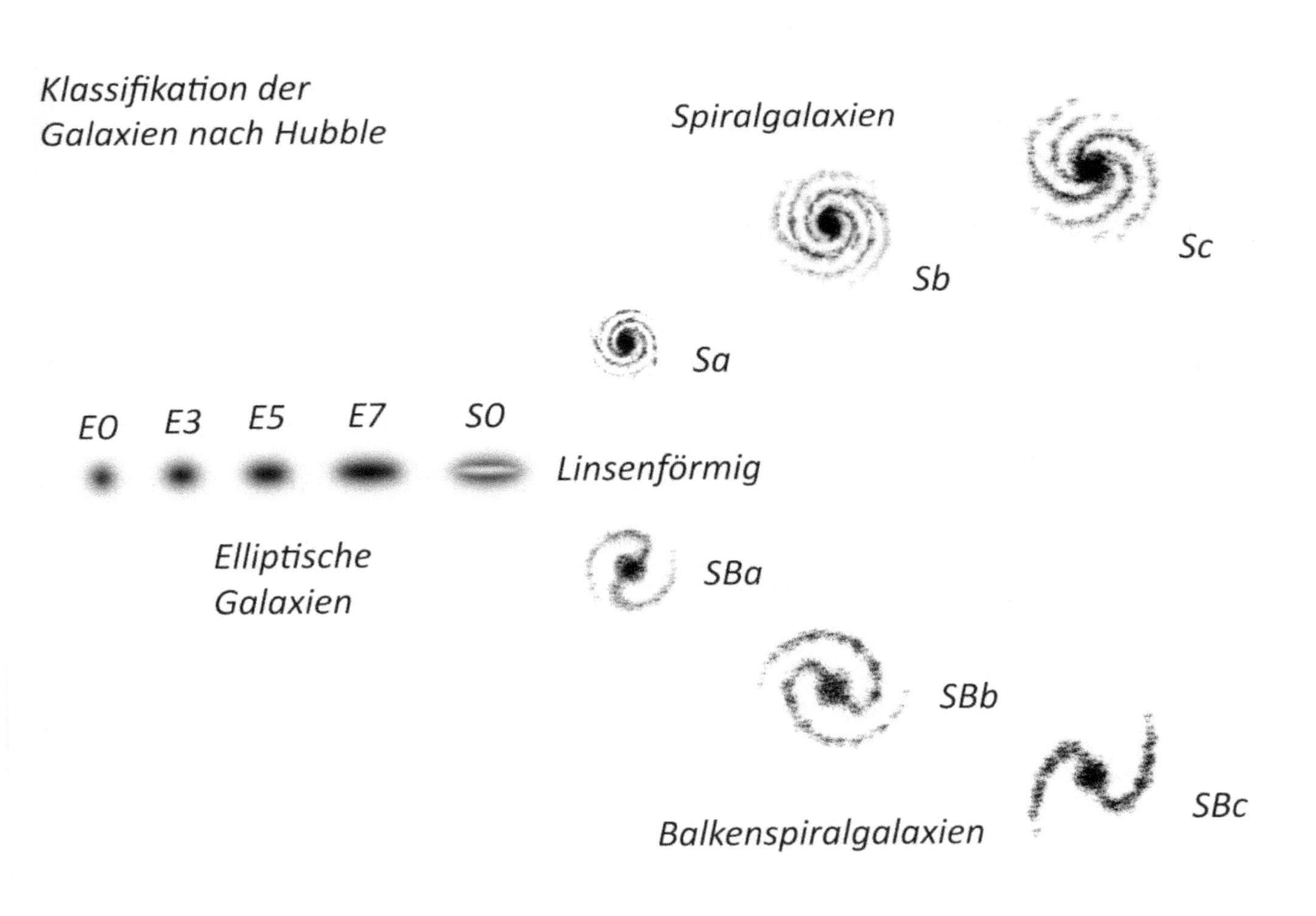

Galaxienhaufen, Filamente und Voids

→ Die Milchstraße und die Andromedagalaxie sind die größten Galaxien in der **lokalen Gruppe** (Durchmesser von ca. 5 bis 8 Millionen ly). Weiterhin gehören die Magellanschen Wolken, die Dreiecksgalaxie und viele weitere Zwerggalaxien hinzu.

→ Die Lokale Gruppe ist selbst Teil des **Virgo-Superhaufens** (Durchmesser: ca. 200 Millionen ly, mehr als 10000 Galaxien) und dieser wiederum ist Teil des **Laniakea-Galaxienhaufens** (Durchmesser: ca. 520 Millionen ly, ca. 100000 Galaxien).

→ Der Laniakea-Galaxienhaufen ist über **Filamente** (lat. filum „Faden", Materieansammlungen im Universum) mit anderen Superhaufen verbunden. Dazwischen liegen die **Voids** (Hohlräume, engl. „Lücke"). Galaxienhaufen, Superhaufen und die Filamente bilden eine **Wabenstruktur** im Universum. Größe eines Voids mehrere Millionen Lichtjahre („Große Mauer": Durchmesser 1 Mrd. ly)

→ Das **beobachtbare Universum** (mindestens ca. 91 Mrd. ly) besteht aus über 100 Milliarden Galaxien. Jenseits liegt der (noch) nicht beobachtbare Bereich der vermutlich eine ähnliche Struktur aufweist. „Noch nicht beobachtbar", weil das Licht durch die endliche Lichtgeschwindigkeit noch nicht zu uns dringen konnte.

Anhang: Anleitung zur drehbaren Sternkarte

Download der Sternkarte für den PC auf:

https://mathematik-sek1.jimdo.com

Die Bestandteile der Sternkarte:

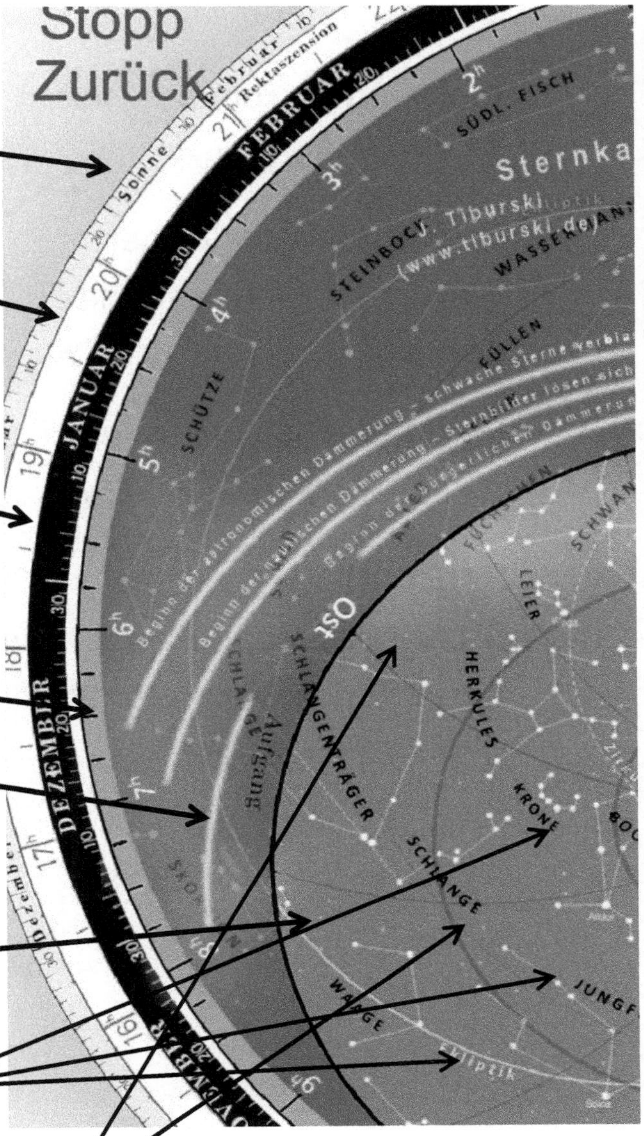

Sonnenring: Bestimmung der Position der Sonne zu einem bestimmten Datum.

Rektaszensionssring: Anzeige der Rektaszension im rotierenden Äquatorsystem in Std. und Min.

Datumsring: Zur Einstellung von aktueller Zeit und Datum.

Uhrzeitring: Zur Einstellung der aktuellen Uhrzeit bei einem bestimmten Datum.

Dämmerungsgrenzen: Anzeige der Dämmerung in Abhängigkeit von der Position der Sonne.

Ekliptik: Bahn/Position der Sonne

Äquatoriales Koordinatennetz: Hier wird die Deklination eines Sterns abgelesen.

Azimutales Koordinatennetz (auf der drehbaren Scheibe der Karte): Hier werden Azimut und Höhe eines Sterns angelesen.

Zenit: Himmelspunkt genau über dem Beobachtungsort.

Meridian: Verbindung von Zenit und Südpunkt.

Azimut-Linien: gleicher Wert des Azimut entlang der Linie.

Höhenlinien: gleicher Wert der Höhe entlang der Linie.

Horizontlinie: Zeigt die Grenze des aktuell sichtbaren Bereichs des Himmels mit den Himmelsrichtungen.

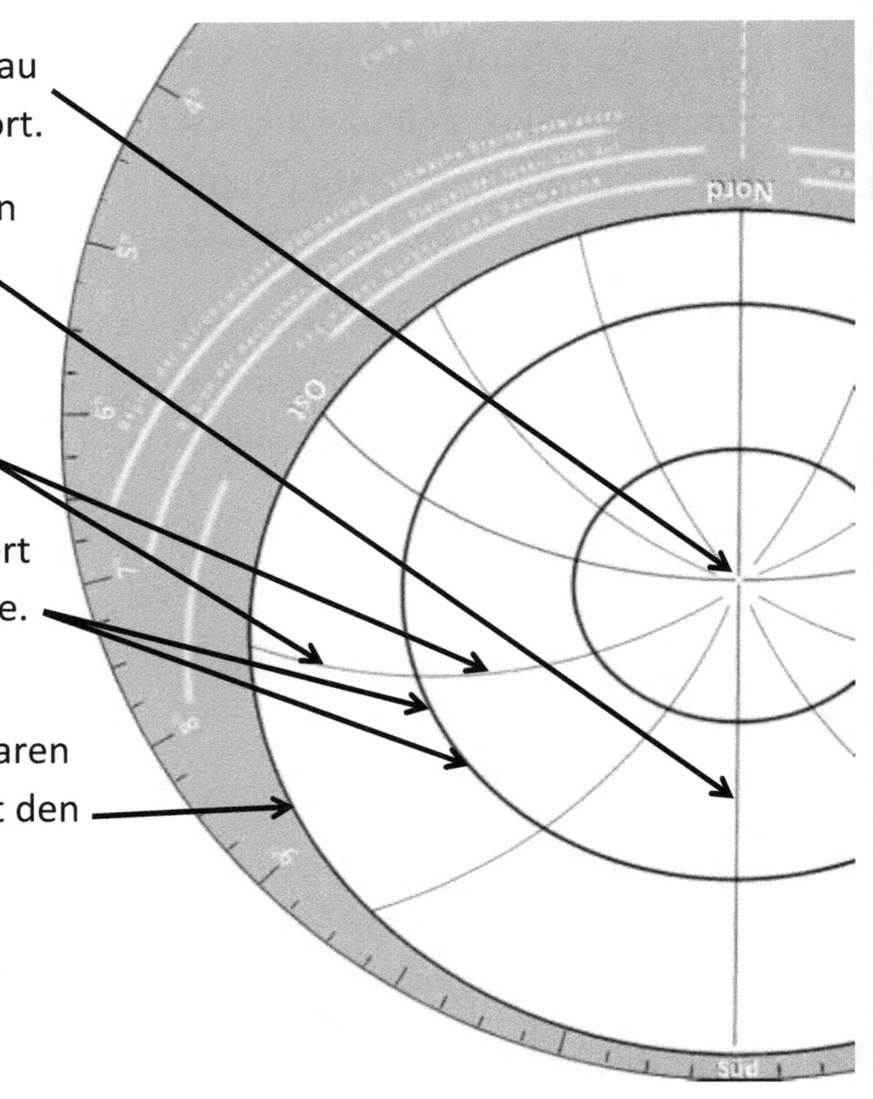

Verwendung der Karte:

Zunächst wird die aktuelle Ortszeit (MEZ) mit dem aktuellen Datum durch Drehung der Scheibe eingestellt.

Hier im Beispiel ist es genau 21:00 Uhr am 14. Mai.

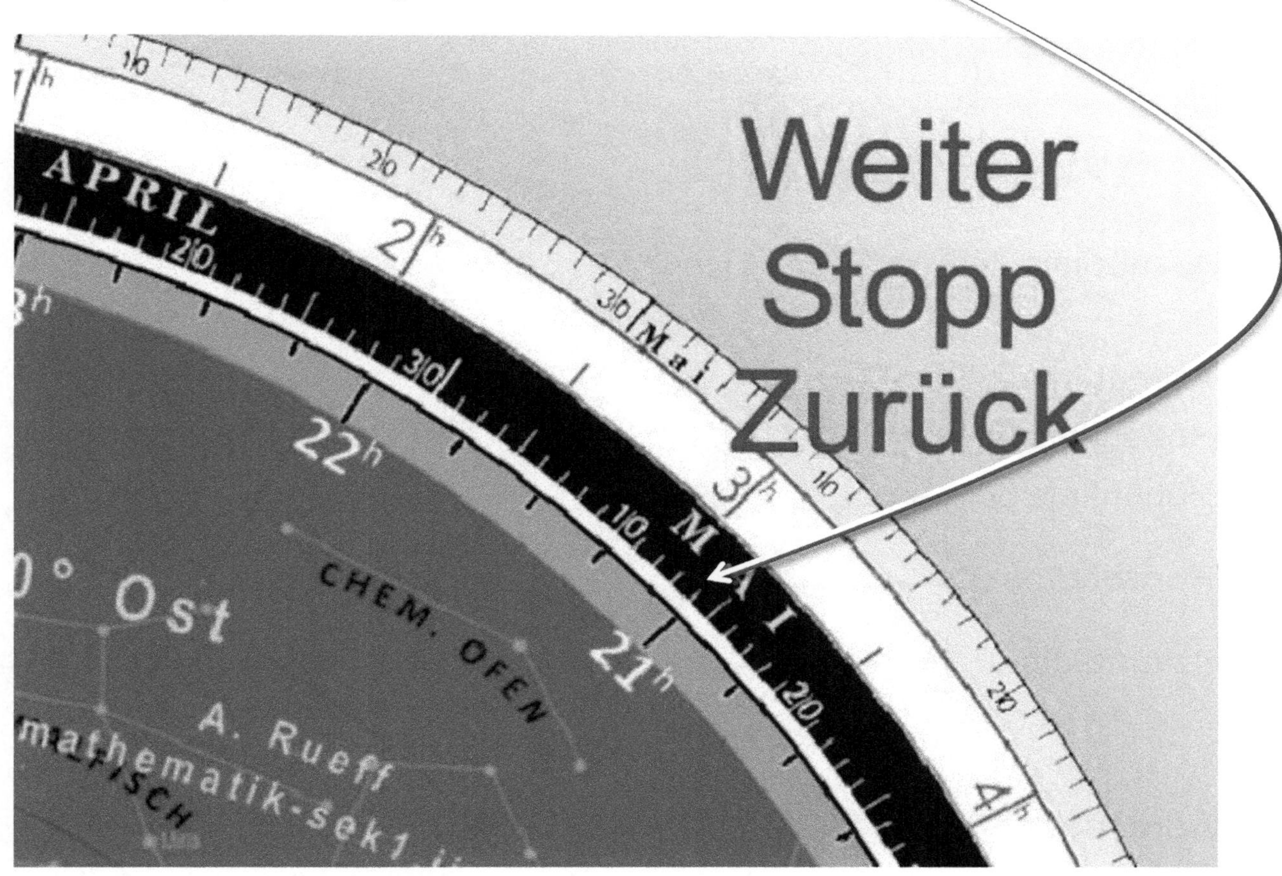

Der ovale Bereich der Sternkarte zeigt dann genau den aktuell sichtbaren Teil des Himmels.

Die Karte wird so gehalten, dass die Blickrichtung an Rand der Horizontlinie ablesen kann. (Hier momentan Blickrichtung: Süd)

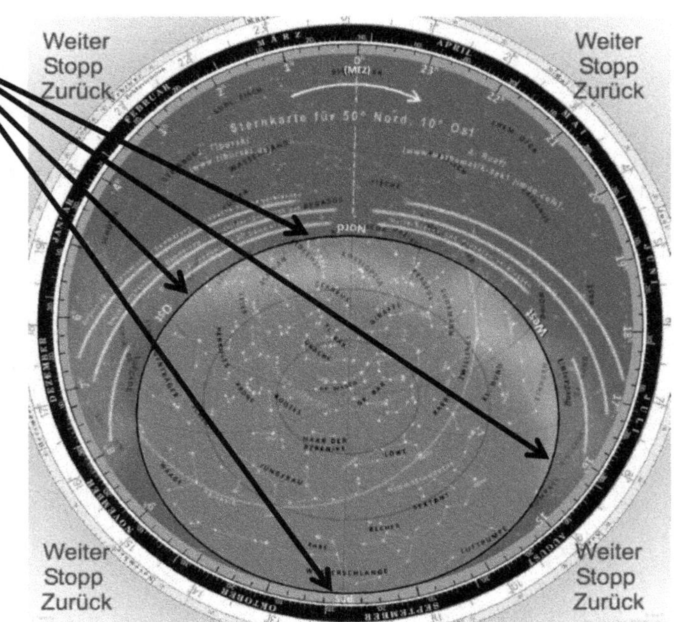

Horizontsystem (Azimutales System, ortsabhängig)

Ablesen von Azimut und Höhe eines Sterns:

Die Sternkarte ist im Beispiel auf 9:00 Uhr am 30. Dezember eingestellt. Der Stern Spica im Sternbild Jungfrau befindet sich hier auf einer Höhe von ca. 25° über den Horizont.

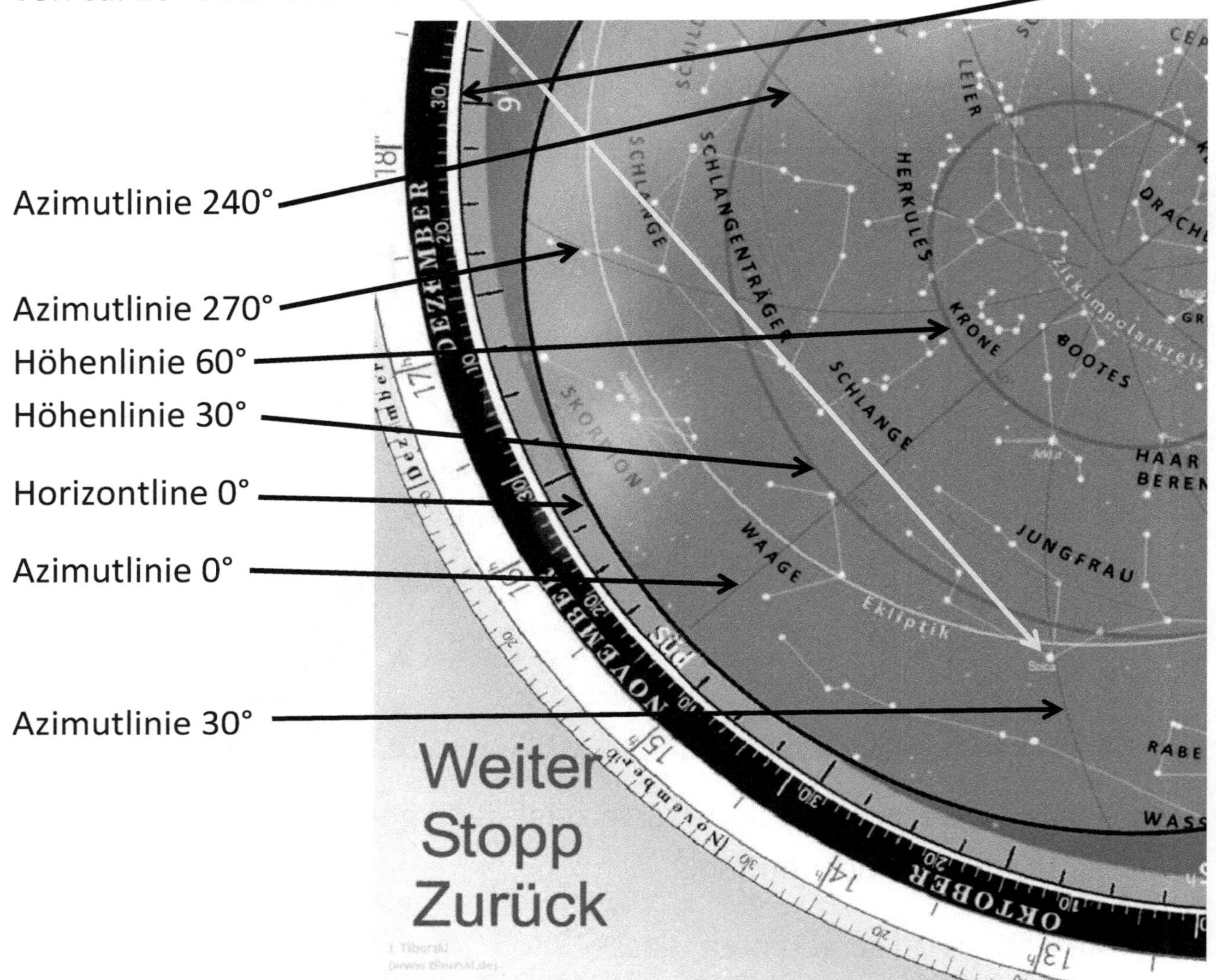

Der Azimut wird von Süd (0°) über West (90°), Nord (180°) und Ost (270°) gemessen (Süd-Azimut).

[Eine zweite Möglichkeit (Nord-Azimut) findet auch oft Anwendung: Dabei erfolgt die Messung von Nord (0°) über Ost (90°), Süd (180°) und West (270°).]

Wir verwenden die Messung von Süden (Südazimut). Die erste Azimut-Hilfslinie schneidet den Stern Spica genau. Die Azimut-Hilfslinien dieser Karte sind in 30°-Abständen eingezeichnet. Diese erste Azimutlinie entspricht also 30°.

Wir erhalten die Koordinaten: **Azimut: 30°, Höhe: 25°**

Horizontsystem (Azimutales System, ortsabhängig)

Ablesen eines Sterns nach Vorgabe von Azimut, Höhe, Datum und Uhrzeit:

Umgekehrt kann auch ein Stern gesucht sein.

Stelle zunächst wieder die Karte richtig ein (aktuelle Zeit/ Datum)

Anschließend wird an den gegebenen Ortskoordinaten der Stern abgelesen.

Beispiel:

12. Oktober, 8:15 Uhr
Azimut: 270°
Höhe: 30°

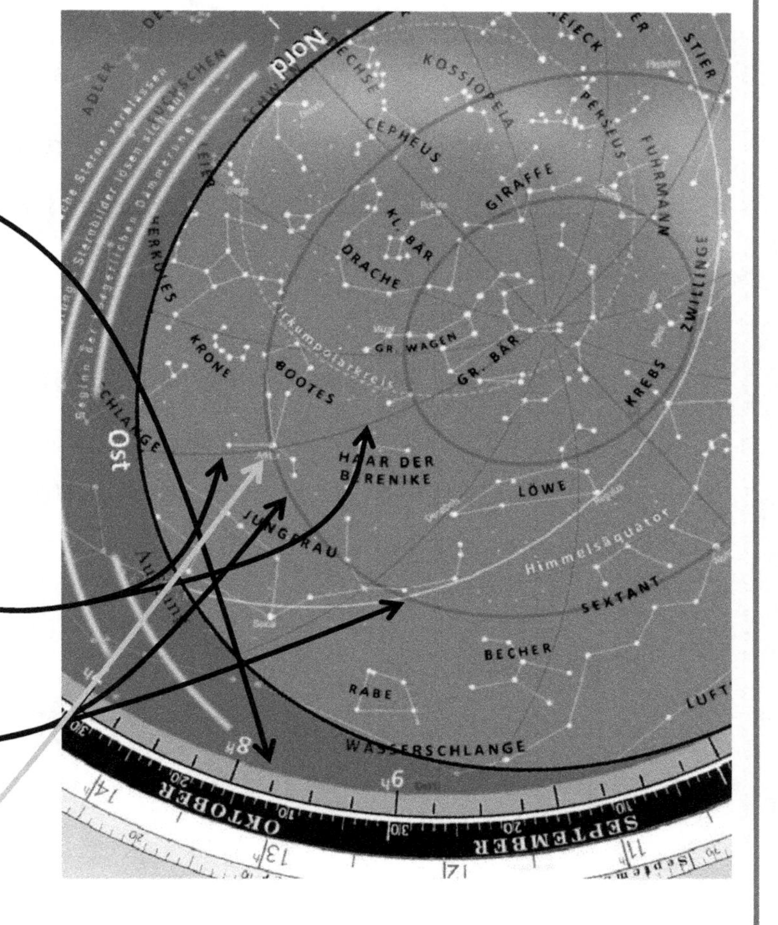

Ablesen der Koordinaten:

Azimut: 270°-Linie
Höhe: 30°

Am Schnittpunkt befindet sich der Stern: Arktur (Bootes)

Äquatoriales System (ortsunabhängig)

Ablesen von Rektaszension und Deklination eines Sterns:

Auf der Grundscheibe der Sternkarte sind die Koordinatenlinien der Deklination eingetragen.

Linien gleicher Deklination sind konzentrische Kreise um den Himmelsnordpol. Dort befindet sich auch der Polarstern (Polaris).

Die **Deklinationsskala** erstreckt sich in der Karte vom Himmelsnordpol (90°) über den Himmelsäquator (0°) bis zum maximal möglichen Sichtbarkeitsbereich (-40°).

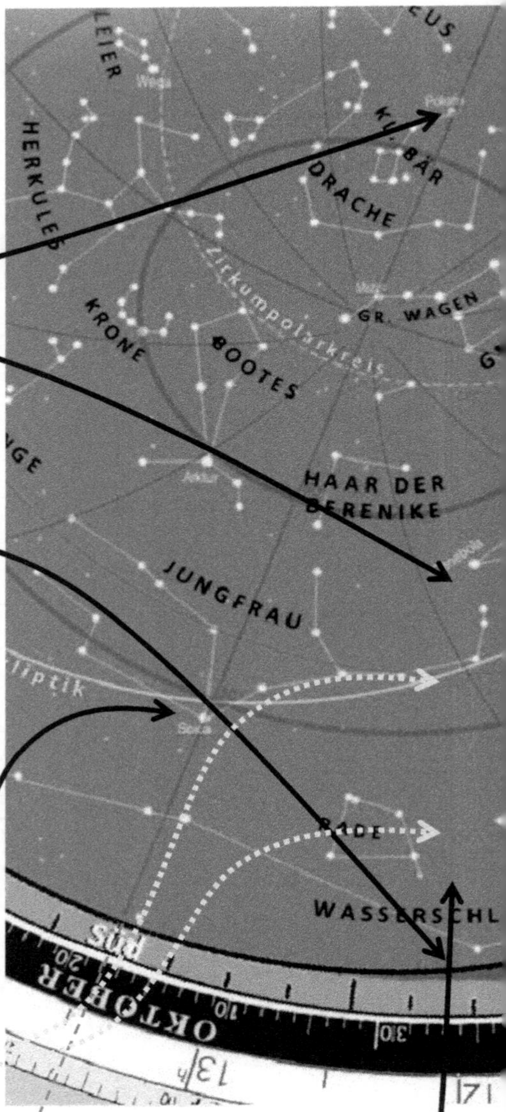

Die **Rektaszension** wird in Std. und Minuten angeben. Der Wert wird abgelesen an der Rektaszensionsskala durch die Verlängerung der Meridianlinie.

Beispiel: Spica (Jungfrau)
Deklination: -10°
Rektaszension: ca. 13:27 Uhr

Positionsbestimmung der Sonne

Die momentane Position der Sonne ändert sich in Bezug auf den übrigen Sternenhimmel durch die relative Nähe zur Erde. Abhängig vom aktuellen Datum lässt sich die Position der Sonne durch die Ekliptik-Linie ermitteln.

Stelle die Verlängerung der Meridianlinie auf das aktuelle Datum auf dem Sonnenring.

Beispiel: 09. Februar

Die **Position der Sonne** ist jetzt genau am Schnittpunkt von Meridianlinie und Ekliptik.

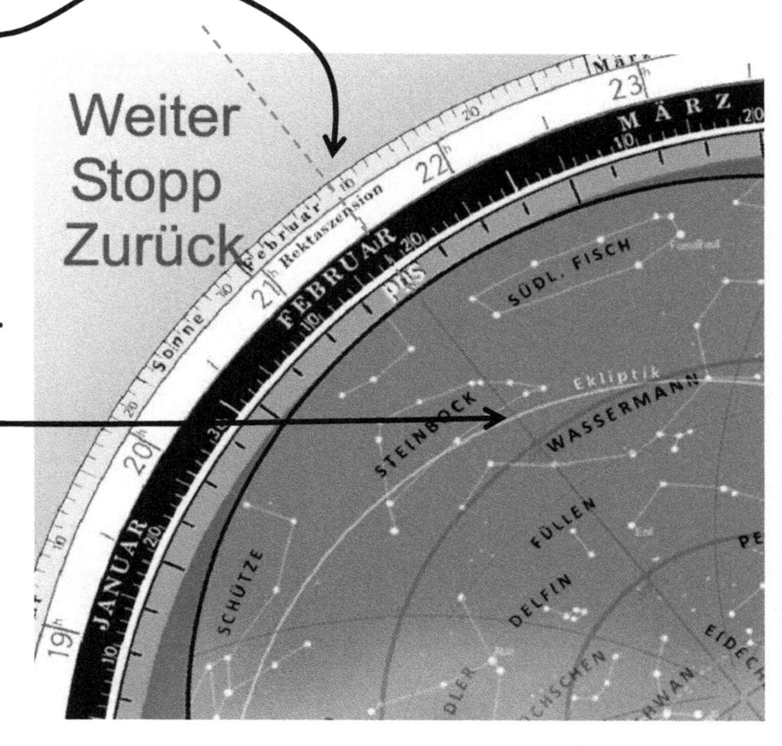

Zur Handhabung der drehbaren Sternkarte im Alltag

Einstellen der richtigen Uhrzeit: Drehe dazu die Zeitskala (Deckfolie der Sternenkarte) mit der aktuellen Uhrzeit auf die richtige Position der darunter liegenden Datumsskala.

1. Beispiel: Die Scheibe ist hier für 5:00 Uhr am 01. Mai richtig eingestellt:

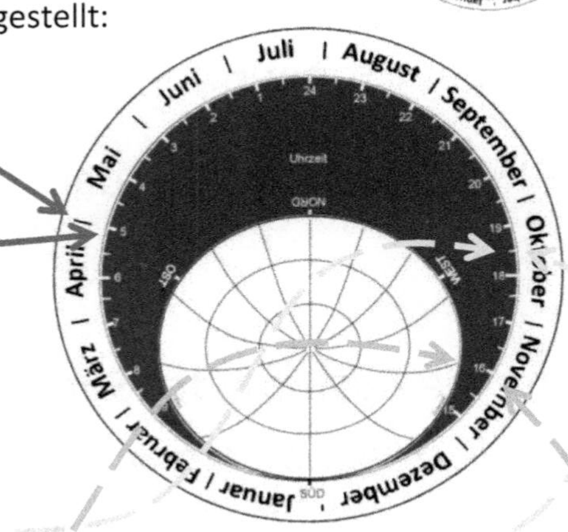

(Gleichzeitig ist die Einstellung auch
für den 10. Oktober (ca.) um 18:30 Uhr gültig,

oder für den 15. November um 16.00 Uhr

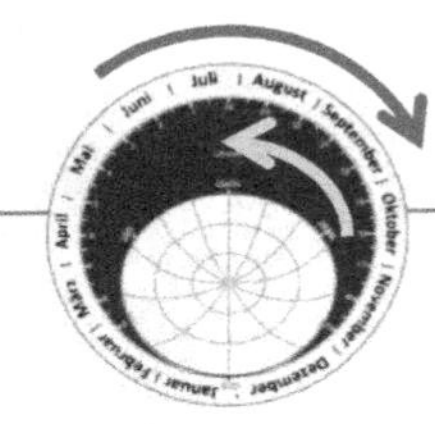

2. Beispiel: Die Scheibe ist hier für 20:00 Uhr am 15. Mai richtig eingestellt:

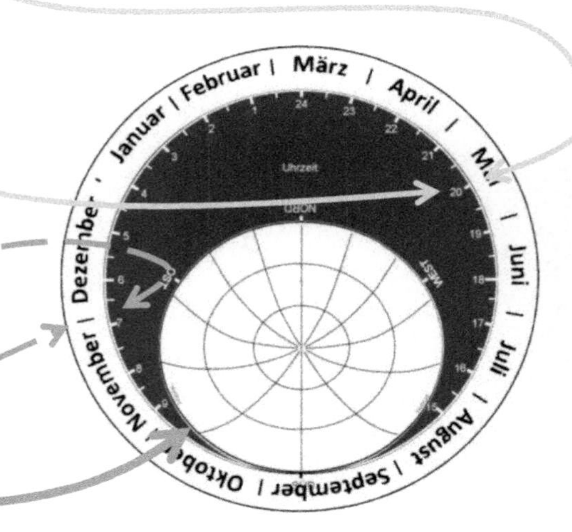

(Gleichzeitig ist die Einstellung auch
für den 01. Dezember um ca. 6:45 Uhr gültig.)

Innerhalb der Horizontlinie ist der sichtbare Bereich des Sternenhimmels dargestellt.

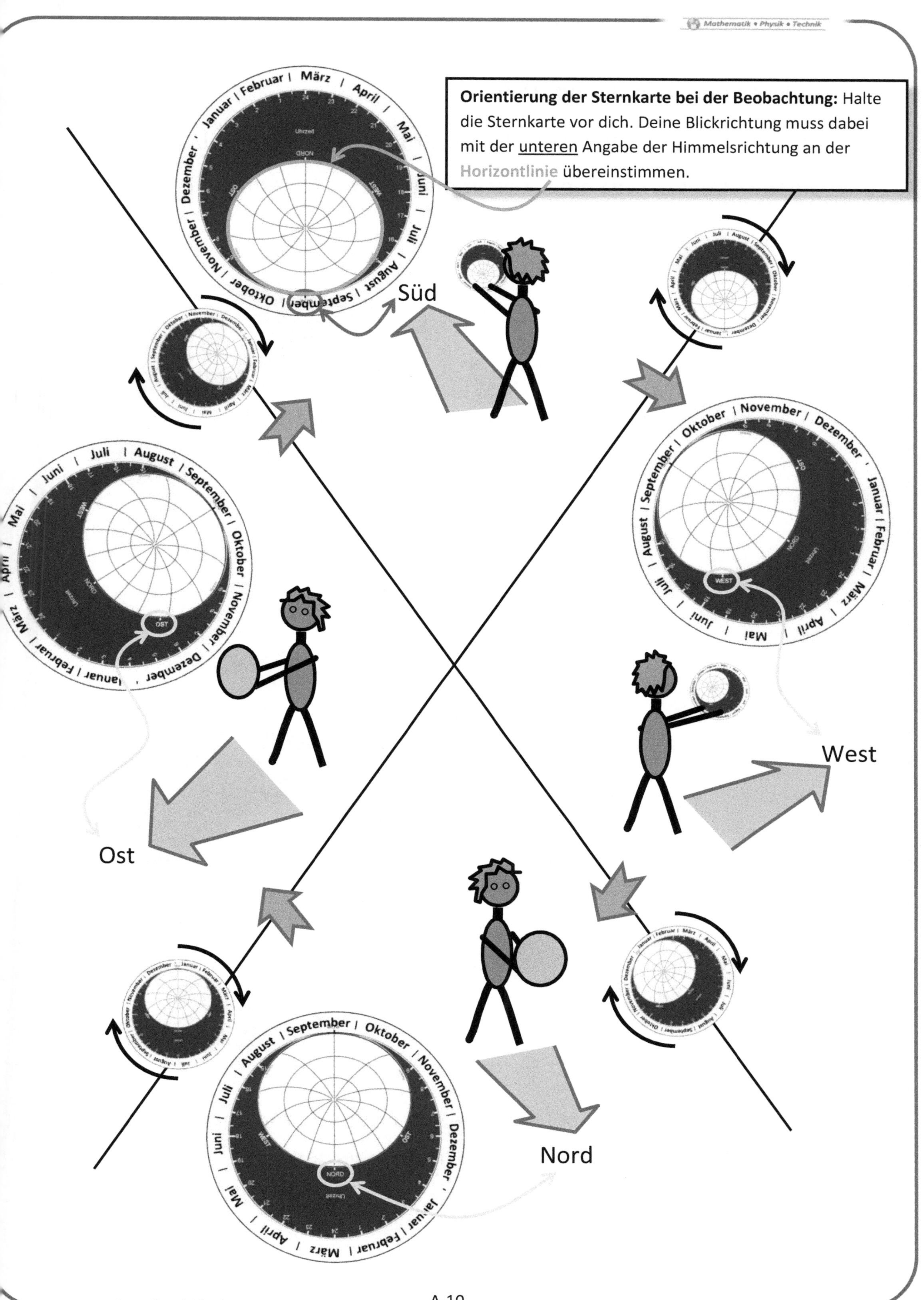
Orientierung der Sternkarte bei der Beobachtung: Halte die Sternkarte vor dich. Deine Blickrichtung muss dabei mit der unteren Angabe der Himmelsrichtung an der Horizontlinie übereinstimmen.
Süd
West
Ost
Nord
NORD
WEST
OST

Ablesen von Azimut und Höhe:

Bei richtig eingestellter Sternkarte wird an der Azimutskala der entsprechende Wert eines bestimmten Sterns (X) ermittelt:

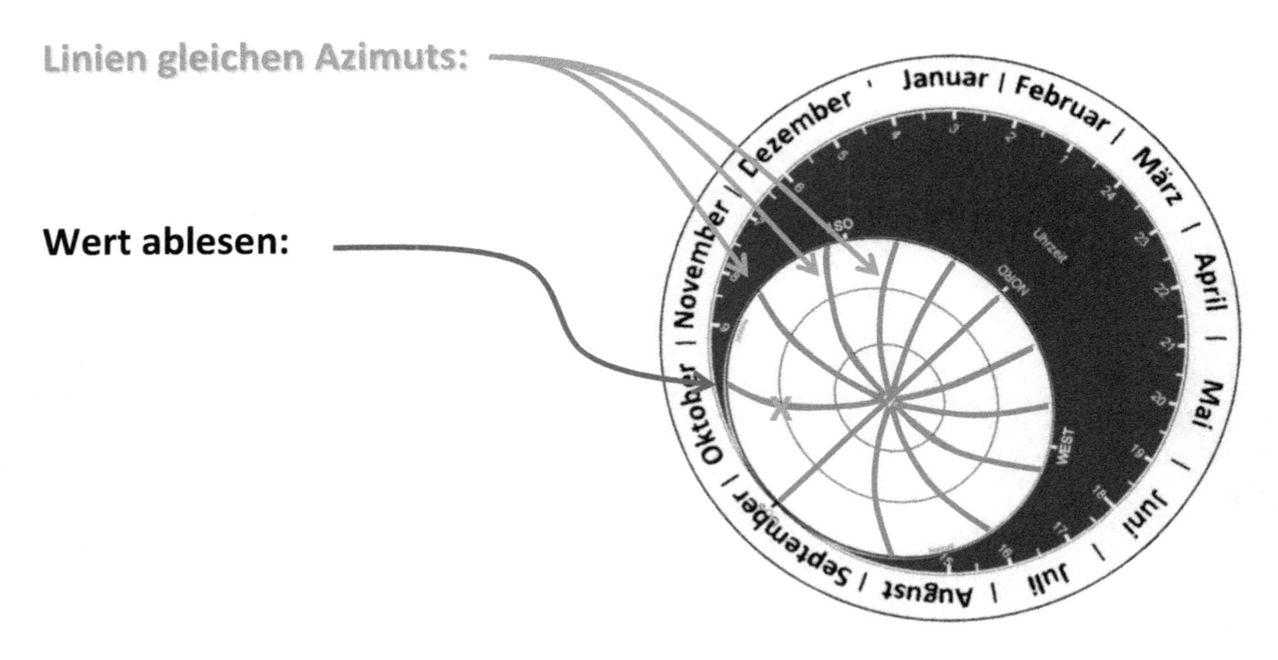

Jetzt wird die Höhe abgelesen:

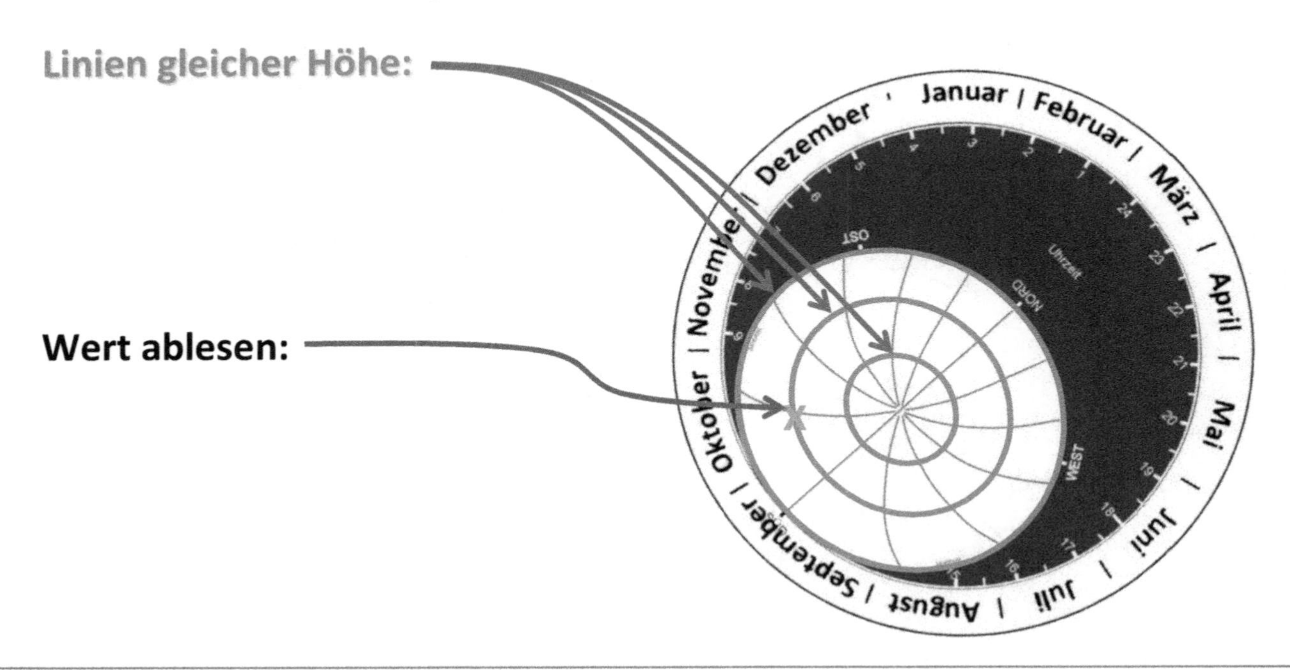

Umgekehrt kann auch bei vorgegebenen Werten für Azimut und Höhe ein zugehöriger Stern ermittelt werden

Lightning Source UK Ltd.
Milton Keynes UK
UKHW050629300819
348826UK00010B/863/P